上海出版资金项目
Shanghai Publishing Funds

博物馆不眠夜

齐 欣 谌璐琳
李 博 裴媛媛

探秘
中国科学技术馆

闲凝眄 著 张青 绘

上海科技教育出版社

泡和噜噜是两位来自M星球的小科学家。他们的母星距离地球14亿千米，但在浩渺的宇宙中，这样的距离或许并不算什么。在经过M星球科学研究中心的严格培训之后，他们将去考察"邻居"地球，了解那里的环境和地球人的生活。

指导老师夏莉望着两位既可爱又一脸严肃的小航天员，放心地拿出一沓任务单，交代起注意事项来。

这次的考察地点是中国科学技术馆，那里记录了地球上重要的科学信息。老师相信，你们一定能够圆满完成任务！记住要多观察细节，尊重地球人的习惯，遵守他们的规则，可以做到吗？

报告夏莉老师，保证做到！

好，那就出发吧！

任务1
收集地球上的气候和农业相关资料，了解地球人是怎样种植和加工粮食的。

任务2
记录地球人是如何认识自己的星球，探索未知宇宙的。

任务3
记录3个你们看到的神奇现象。

任务4
了解地球人的生命科学、医疗技术，以及他们对待生命的态度。

任务5
记住帮助过你们的地球人并向他们致谢。

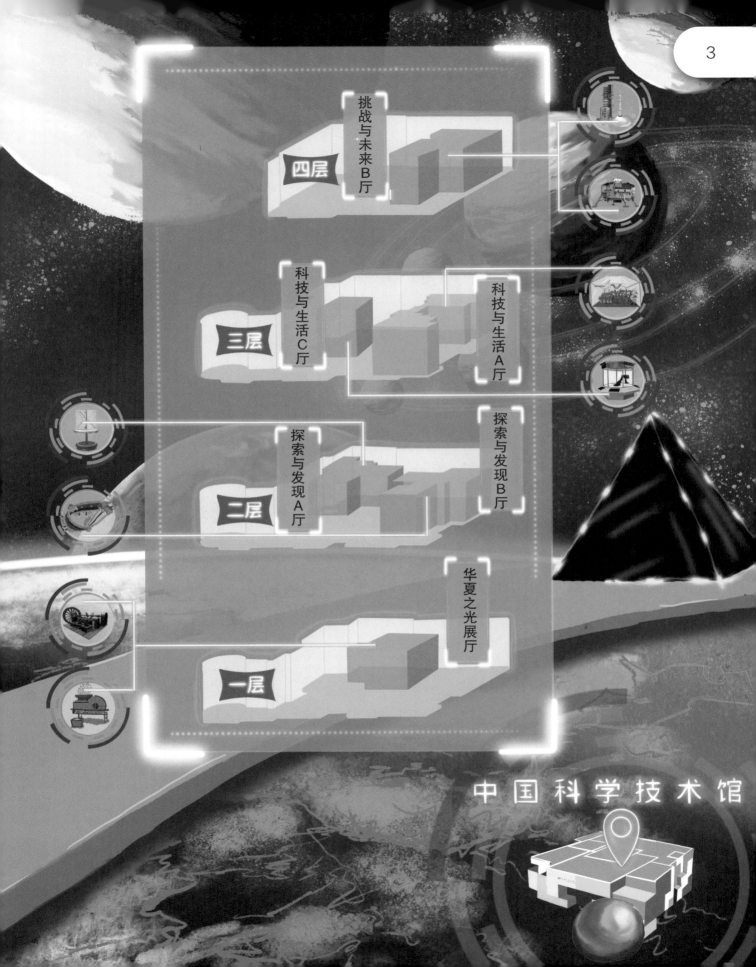

挑战与未来 B 厅

四层

科技与生活 C 厅

三层

科技与生活 A 厅

探索与发现 B 厅

探索与发现 A 厅

二层

华夏之光展厅

一层

中国科学技术馆

泡泡和噜噜驾驶着"探索号"智能飞船驶向浩渺的太空。一路上，他们看到了许多大小不一的星体。

"目标已出现！"当系统提示音打破飞船内的寂静，一颗蔚蓝的星球在屏幕中逐渐变得清晰。泡泡和噜噜不由得瞪大了眼睛，盯着屏幕不敢松懈。

随着目标着陆点越来越近，他们此行的目的地——北京——逐渐在眼前清晰放大。

　　这是一个秩序井然的城市。与M星球完全不同的是，人们穿着舒适好看的衣服自由地在地面上行走，不用套上厚重的防护服，也不必担心强紫外线的辐射。阳光照在古老的红色城楼上，比M星球科学研究中心屏幕上显示的照片都要美。

　　泡泡和噜噜早早地做好了着陆准备，迫不及待地想感受一下地球人的科技和生活。

突然，飞船一阵剧颤，智能显示屏也在发出"嗞——"的一声之后没了动静。原来，强对流天气不仅扰乱了飞船的飞行轨迹，也干扰了飞船上的设备信号。噜噜定了定神，一边回想着夏莉老师教过的应急措施，一边强行重启设备并准备紧急迫降。

　　然而，飞船下降的速度越来越快，两人随即被自启动的飞船应急保护系统从驾驶舱弹出，而"探索号"飞船则一个猛冲，"哐当"一声砸向了地面！

　　"好险！"泡泡和噜噜抓着降落伞缓缓落下，惊魂未定地看着飞船的碎片从眼前慢慢消失。没想到来到地球的第一天竟以这样的方式开场。稍事休息后，泡泡和噜噜正式开启了科学探索之旅。

筒车

筒车，也叫水转筒车，是聪明的古代中国人发明的一种灌溉工具。筒车的主体由一个巨大的水轮和岸边的引水槽组成。在湍急的河流中，筒车会自己转动，不需要人力就能提水上岸。

这是什么？摩天轮？又像是……水车？

可它在河边，又不能移动，怎么给农田浇水呢？

喏，看到水轮外圈斜着安装的小水筒了吗？

小水筒随着水轮的转动灌满水，转到最高位置时将水倒进引水槽里，再引到农田里，就实现了灌溉啦！

刚进"华夏之光"展区，泡泡和噜噜就看到一个巨大的木轮子吱呀地旋转着将水引到别处。不知何时，两人身边来了一位瘦瘦的老爷爷，正笑眯眯地望着他们。

水转翻车

　　翻车，由轮轴、木槽、木链、刮水板等部分组成，形似多节龙骨，也被称为龙骨水车，这是一种利用链传动将水从低处引到高处的灌溉装置。水转翻车需架设在流水岸边人工挖掘的深窄沟渠中。在翻车踏轴上装一竖轮，竖轮旁边架一立轴，立轴上有上下两个卧轮，上面卧轮轮齿与竖轮轮齿咬接。水流冲击时，下面的卧轮转动，上面的卧轮随之转动，然后带动竖轮，从而使翻车刮水上岸。

　　古代人不仅把水车修得更高，还增添了转轮和传送带，发明了高转筒车，很好地解决了向高处提水的问题。人们还设计了带有传动装置的另一种灌溉工具——水转翻车。

如果农田比河高，该怎么把水送到田里呢？

我知道！把水车修得更高一些就好啦！

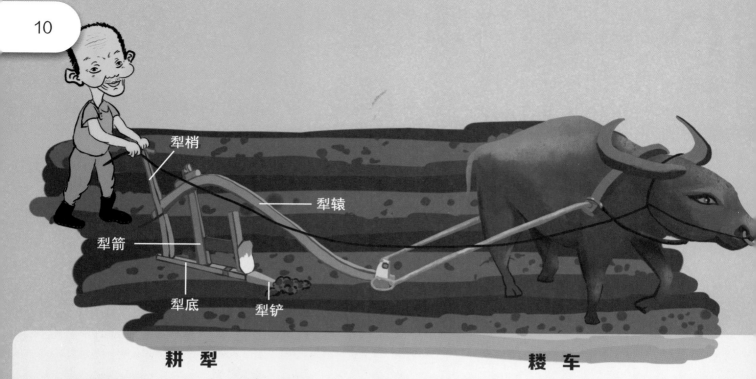

犁梢

犁辕

犁箭

犁底

犁铲

耕 犁

耕犁是中国古代农民耕地的"神器"。唐代的曲辕犁是我国传统耕犁发展史上的里程碑。它由犁辕、犁箭、犁底和犁梢等主要部分组成。

使用时，一个人在后边扶着犁梢，由牛或者马拉着犁往前走，既可以翻土、碎土，也能起垄、做垄，比用人力犁地要省力多啦！

耧 车

耧车是中国古代的一种播种工具，由种子箱和耧管等部分组成，撒播种子的数量和播种的深浅都可以调节。

和耕犁一样，耧车也需要由牛或者马在前牵引，人在后面驾车并摇动，让种子落到开沟器开好的沟槽里。随着播种的进行，耧车自带的覆土填压装置会把土壤覆盖到种子上并压实，这样，播种工作就顺利完成啦！

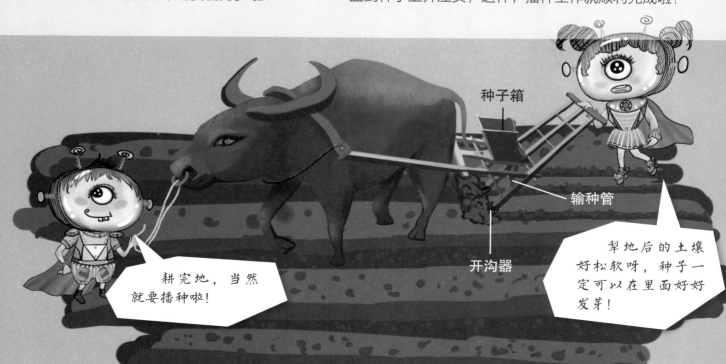

种子箱

输种管

开沟器

耕完地，当然就要播种啦！

犁地后的土壤好松软呀，种子一定可以在里面好好发芽！

扇 车

　　扇车又叫"风车"，是一种人工清粮农具。只要把待清理的稻谷放进喂料斗，摇动扇车把手，就能利用比重原理，通过风力把空谷、谷糠和灰尘等杂物吹出去，而饱满的稻谷则会顺着导槽自然落下。

连机水碓

连机水碓是古人舂捣谷物的好帮手。它由立轮、轮轴、拨板、碓杆、碓头、碓臼等部件组成，通过水力带动机器运转，使碓头一起一落地舂捣谷物。在1700多年前的西晋，著名学者杜预创造性地把多个水碓连在一起，大大提升了水碓的工作效率。

老爷爷得意一笑："中国古人的农业发明远不止你们刚才看到的那些哟！"他带着泡泡和噜噜走到一排同样由大水轮驱动的机械前，说道："谷物成熟后，要经过一系列的加工，才能成为我们饭桌上的食物，连机水碓和水转连磨就是古代中国人加工谷物的两种常用工具。"

水转连磨

水转连磨也是由西晋学者杜预创制的水力粮食加工机械。流水冲击立轮，带动轮轴上的三个齿轮转动，它们各自连动的三个石磨就开始工作啦！因为机械运转时会有九个石磨同时工作，所以水转连磨又被称为"九转连磨"。

温室

温室是植物的"暖房"，通常由玻璃、塑料等复合材料搭建而成，用来更好地栽培植物。在温室中，可以通过加装设备来调节温度、湿度和光照，为植物提供最适宜的生长条件。温室不仅能够提高作物的产量，还能让我们在冬天吃到夏天的蔬菜水果。

移动式喷灌机

老爷爷领着泡泡和噜噜走进一个玻璃温室里，满眼都是绿色蔬菜和各种瓜果。他感慨道："几千年来，人类从未停止对农业的探索和追求。现在，我们可以选择的食物越来越多，这都归功于农业科学技术的进步。如今，我们有了温室栽培技术，种植农作物再也不必受限于气候条件啦！"

爷爷熟练地按下墙上的几个按钮，顿时，光线开始自动调节，喷灌龙头旋转着自动浇水，这里看起来和M星球的食品基地有点像，又不太像。

植物的繁殖是一个非常复杂的过程，裸子植物和被子植物开花后，胚珠通过传粉受精形成繁殖体，也就是"种子"。

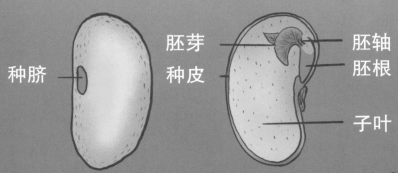

种脐

胚芽
种皮

胚轴
胚根

子叶

大豆种子

种子在日常生活中很常见，我们平常吃的大米就是由水稻的种子加工而成的，炒菜用的玉米油、花生油和大豆油也是由种子压榨或浸出而得到的。

当然，气候因素对农业生产来说也非常重要。农作物生产需要适宜的条件。在温室和现代栽培技术发明以前，顺应季节变化和气候规律是千百年来人们从事农业生产的基本规则。

我要去照顾我的宝贝水稻啦！接下来，你们得靠自己去探索咯！

二十四节气歌

春雨惊春清谷天，
夏满芒夏暑相连。
秋处露秋寒霜降，
冬雪雪冬小大寒。

清明

小满

芒种

任务提示：

请你回顾一下，地球上的植物生长需要哪些条件？地球人是怎样生产粮食的？

大气环流

　　大气环流是一种世界性的、大规模的大气运动现象，其水平范围可达数千千米，垂直范围达10千米以上。大气环流既包括平均状态，也包括瞬时状态。

　　你知道吗？大气环流也有着自己的特征及变化规律。只有摸清它的"脾气"，我们才能更深入地认识自然，更好地探索和利用气候资源，并不断提升天气预报的准确程度。

自转

　　中国科学技术馆的"大气环流"展品是一件充满液体的半球式展品。当你旋转球体的时候，里面的液体会随之而动，从而模拟大气的环流运动。

气象云图
Weather Satellite Cloud Picture

气象云图

我国的气象卫星可分为静止气象卫星和极轨气象卫星，卫星通过绕地球运转并拍摄云层顶部图像，形成气象云图。从卫星云图中，可以看出天气系统的发展变化情况。

噜噜！你看那里！是地球模型！

大惊小怪！咱们来的时候，连真正的地球都见识过了！

泡 泡正观察着气象云图回忆着从飞船里看到的地球景象，一抬眼意外发现了不远处的一个地球模型。她激动地告诉噜噜，可噜噜却满不在乎。

　　"不一样的！"泡泡急了，拽着噜噜的手来到地球模型前，"你看！地球上的地形、地貌、水文、大气等数据这里都有！咱们在飞船上的时候，隔着那么远的星河，都没怎么看清呢！"泡泡努努嘴，聚精会神地仔细观察。

天气预报怎样来

在中国科学技术馆，有一处专门为"小气象预报员"准备的特殊舞台，它是"天气预报怎样来"这件展品的一部分。在这里，小观众可以通过角色扮演了解气象播报过程，过一把当气象播报员的瘾。该展品还通过多媒体动画的方式向游客展示天气预报是如何进行的。

气象部门先用计算机处理观测而来的气象数据，再由气象预报员加工相应的数据，然后进行综合判断，得出未来不同时段的天气情况。根据观测到的气象信息，天气预报员们各自发表专业判断，并由主班预报员进行综合分析判断，得出未来天气的发展变化状况预报。最后，由媒体发布天气预报。这就是播报天气预报的全过程啦！

目前，我国已经初步建成天基、地基、空基一体化综合气象观测系统，大气的任何动态都逃不过它的"火眼金睛"。

北 斗 导 航
Beidou Navigation System

气候和地形环境密切相关。既然地球上的气候这么多变，那地形环境一定复杂多样！

夏莉老师说过，城市地区只占了地球表面的一小部分。那么地球上大片非城市地区的情况，恐怕很难了解吧？

会有办法的！地球人的地理信息系统看起来很厉害啊！让它们来帮助我们！

你看，地球人研发的北斗卫星导航系统、全球定位系统、格洛纳斯导航卫星系统和伽利略卫星导航系统已经可以非常精准地定位，即使在远离城市的地方，一样可以轻松探测、精准到达！

噜噜走到展品"全景看世界"的巨大环形幕墙前，只见画面上一口巨大的望远镜坐落在连绵的群山之中。原来，这是中国自主研发的500米口径球面射电望远镜（简称FAST），被誉为"中国天眼"。它能接收到137亿光年之外的电磁信号，观测范围几乎能够达到宇宙边缘。自启用以来，FAST已经成功帮助人们发现了超过240颗脉冲星候选体，其中的100多颗被确认为新脉冲星。

看着画面上的星空和天文望远镜，噜噜扭头和泡泡聊起来。

> 除了卫星导航系统，地球人还有超级大的望远镜，可以看到很远的地方。

> 你看！这是FAST，是目前地球上单口径最大、最灵敏的射电望远镜，据说可以用它看到很多遥远的星星呢！

> 那么用这个大望远镜是不是也能看到我们的家？

全景看世界

数字化等高线

等高线，是在地形图上将海拔高度相同的点连成的闭合曲线。根据等高线的形状和疏密程度，我们可以判断该区域的地形地貌和山坡陡缓。

这件"数字化等高线"展品，应用了能够转化模拟量和数字量的模数转化装置，通过投影让不同高度的沙子呈现出不同的颜色。当我们的手掌放在特定的区域内上下移动时，手掌上的颜色会变化，我们也可以通过堆砌沙丘观察其高度和颜色的关系。

任务提示

你能帮助泡泡和噜噜向夏莉老师介绍地球人是怎样认识自己的星球，探索未知的宇宙的吗？

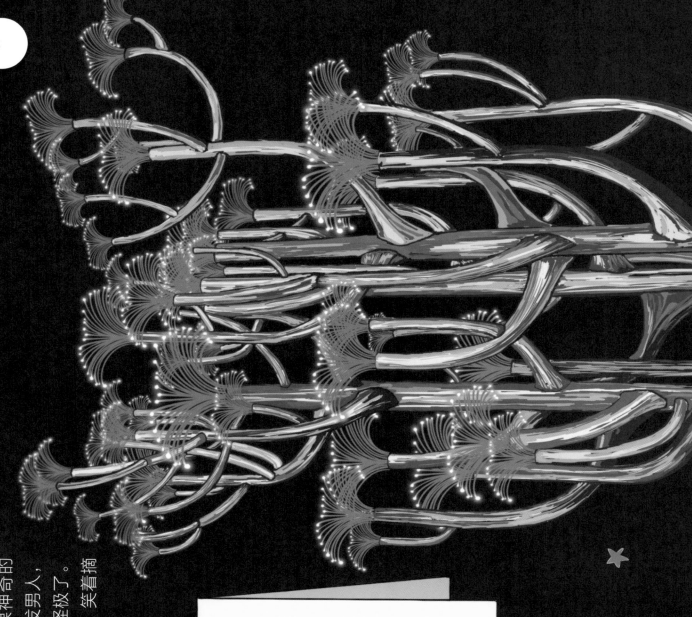

逛着逛着，泡泡和噜噜发现了一棵神奇的树，树下还坐着一个高鼻深目的卷发男人，头上还顶着顶半红半青的苹果，看起来奇怪极了。然而他并不在意噜噜和泡泡惊讶的目光，笑着摘下头顶的苹果抛了抛，同两人攀谈起来。

光 纤 树

光导纤维，简称"光纤"，是一种由玻璃或塑料纤维制成的材料，利用光的全反射原理进行光的传导。而由于其光传导的高效性和低损耗，现在被广泛应用于远距离信息的传输。

中国科学技术馆里的这件"光纤树"展品，正是由很多很多的光纤组成的。光纤既可以用来照明，也能用来通信。

这就要从光是什么说起了。

这可不是一般的树哟，小朋友。

牛顿

英国著名物理学家、数学家，被称为"百科全书式的全才"，他的很多研究发现推动了科学发展和技术进步，其中最为人所熟知的是万有引力定律、三大运动定律和微积分学说。

光轩？

好漂亮的树！

光是粒子

17世纪发生过一场关于光的本质的争论，也就是粒子说和波动说之争。其中，牛顿是粒子说的主要代表人物，他认为光是由一颗颗像小弹丸一样的机械微粒所组成的粒子流，发光物体会接连不断地向周围空间发射高速直线飞行的光粒子，这种观念符合人们的日常认知，且由于牛顿的巨大声望而被广泛接受。

牛顿

光是波

与牛顿同一时期的荷兰物理学家惠更斯提出了光的波动说，然而，在当时这一学说并没有得到广泛的关注与支持。直到19世纪，英国物理学家托马斯·杨完成光的双缝干涉实验，才有力地证明了光是一种波。

惠更斯

光是电磁波

麦克斯韦推测光是电磁波，在他之后的赫兹通过实验证实了电磁波的存在，而马可尼又受到赫兹电磁波实验的启发，发明了世界上第一台无线电收发装置。

麦克斯韦

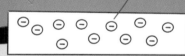

光电效应

爱因斯坦通过光电效应实验证明光依然具有粒子的属性，所以他提出了光量子说，即光是由微小的能量粒子也就是量子组成，并且量子可以像单个的粒子那样运动。同时，爱因斯坦将波动说与粒子说结合在一起，使人们终于认清光的波粒二象性。在他的启发下，德布罗意发现了物质波，认清微观世界的波粒二象性，为后来量子力学的建立奠定了基础。

爱因斯坦

你知道太阳是由哪些元素组成的吗？

每一种元素在光谱中都有自己的特征谱线。

通过分析光谱，我们就能知道物质的元素组成。

这就是"物质光谱分析法"。如今，科学家已经

用这种方法分析出太阳是由氢、氮、氧、钙等数

十种元素组成的。

动脑筋：

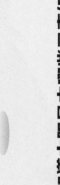

说到光，就
不能不提太阳。

太阳为我们提供了源源不断的光和热，
如果没有太阳，我们将会生活在一个无法想
象的黑暗、寒冷的世界中。唔，可怕可怕！

太阳上有许多生命必需的元素，这些元素
对我们的生活和生产来说也都非常重要。

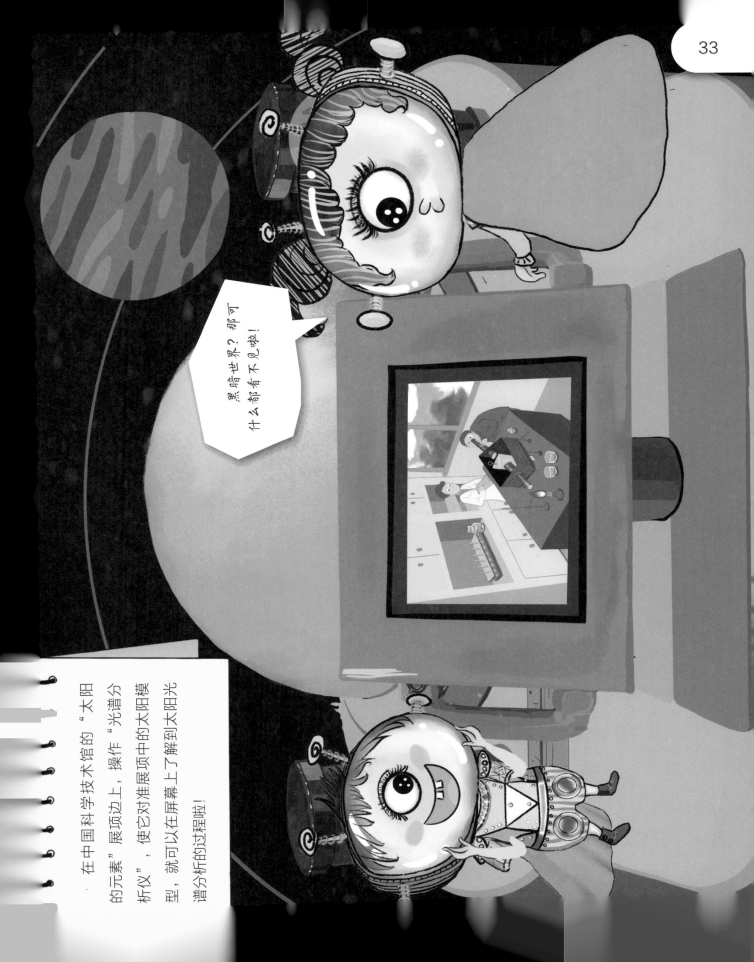

在中国科学技术馆的"太阳的元素"展项边上，操作"光谱分析仪"，使它对准展项中的太阳模型，就可以在屏幕上了解到太阳光谱分析的过程啦！

黑暗世界？那可什么都看不见啦！

顺着男人手指的方向，噜噜和泡泡抬眼望去，只见一排水滴像是在不断地被吸进天花板，却伴随着滴滴答答落在池面上的声音，真是奇怪极了。

在不同的光线下，同一种东西看起来有可能不一样，甚至和生活常识相悖。

光能帮我们分析物质组成，但有时也会给生活带来一些小麻烦。

事实上，任何有质量的物体之间都有相互的吸引力。一般来说，在地球上，水滴受到地球引力的影响而往下落。这就是我年轻时发现的万有引力定律的一个实例。看似向上飞的水滴里一定还藏着其他秘密。

哇，地球上的水会向上流！真奇妙啊！

奇幻之水

　　人眼在观察物体时，光信号传入大脑神经需经过一段短暂的反应时间。而物体移动或光的作用结束后，我们的反应同样会滞后0.1—0.4秒，视神经对物体的印象并不会立即消失，这就是人眼的"视觉暂留"特性。因此，当频闪灯不断地闪亮和熄灭，且切换速度足够快时，我们的大脑会根据频闪灯多次闪亮时的水滴位置，想象水流动的动态画面，可能看到水向下流，也可能看到水向上流。

水流速度与频闪灯闪烁频率要怎么配合，水才能看起来像是在往上流呢？

可不是这样！

有一些是由于物体特殊的运动轨迹引起的"误会"，其实很好理解，比如这个——

这样说来，难道我们看到的奇怪的现象都是视错觉吗？

双曲隧道

展品"双曲隧道"由一组刻有双曲线狭缝的有机玻璃和一根可围绕正中立柱旋转的直杆组成。我们会惊奇地发现，直杆转动时在空中划出双曲面，并被玻璃平面所截，形成双曲线。

这件展品展示的是双曲面和直线之间的关系，原来双曲面可以由直线运动而形成。

神奇街道 Magic Street

人半规管排列（侧面观）

呀！这球怎么向上滚？

啊？我的头为什么有点晕？

　　身体是如何判断我们是否处于平衡状态的呢？这就有赖于平衡器官前庭。前庭位于人的内耳，这里有三个互相垂直的半规管。当人体失衡时，半规管便产生平衡脉冲，通过延髓的平衡中枢激发相应的反射动作，使人体恢复平衡，避免受伤，这也是我们的本能反射之一。此外，其他感觉，比如视觉、触觉等，也会对身体的平衡产生影响。

奇怪男人得意一笑："你们刚才看到的还不是最神奇的呢！"他掏出一个小铁球放在轨道上，谁知，小球竟滑向了高处。泡泡和噜噜彻底惊呆了！

原来，这是一条倾斜的路！而由于墙面垂直于地面，泡泡和噜噜从视觉上感觉不到墙也是倾斜的。所以，小球其实并没有向高处滚动，那只是错觉罢了。

尽管我们会"看走眼"，但是身体的平衡器官却能敏锐地觉察到这不是日常熟悉的状态。当大脑收到的视觉信息和身体感受到的平衡信息不相符时，身体就会产生一些不舒服的生理反应。如果路面更倾斜一些的话，人们就更容易感到头晕了。

莫比乌斯带

1858年，德国数学家莫比乌斯和约翰·李斯丁经过实验发现，只要把纸条的一端扭转180度，并将两端粘起来，做成的纸环就只有一个面一条边，这种具有神奇性质的纸环被命名为"莫比乌斯带"。人们办公用的针式打印机的色带就是莫比乌斯带的一个应用实例。莫比乌斯带的特性使得色带整个表面的颜色能得到充分利用，降低了更换频率，大大延长了使用寿命。

透视消点错觉模型

当我们面对"透视消点错觉模型"，在两米开外站直身体，闭上一只眼睛观察模型并左右移动身体，就会发现模型中的房屋形态也会随着身体的移动而变化，这其实是一种视错觉现象。当我们观察物体时应用了固有的经验，很容易产生错误的判断。

任务提示

泡泡和噜噜看到了哪些神奇的现象？你能举出3个例子，并解释其中的原理吗？

转过错觉墙，噜噜和泡泡拿出第四张任务卡，向眼前的展厅里探了探头。

这里有生命科学相关展品吧？

地球上的生物，会比M星上的活得更久吗？

科技与生活A厅
SCI-TECH AND LIFE(Gallery A)

生命周期

生物从出生至死亡是一种自然现象，不同的生物有不同的生命周期，从数分钟到数百年不等，而有些生物的生命周期甚至可长达数千年。

人类的寿命

人类的寿命

把双手放在"人类的寿命"展台上，可以从面前的灯箱中看到不同时代人均寿命的变化。在18世纪初，人类的平均寿命大概只有30来岁，但是到了21世纪初，就增长到70来岁。

从1816年听诊器的发明，到19世纪末20世纪初人体免疫的揭秘，再到1946年麻醉手术的公开，以及1953年DNA结构的揭示，科技的不断进步使人类能更好地主宰自己的命运。

泡泡拉着噜噜走到一个巨大的仪器前，自己率先躺下来体验核磁共振检查技术。

核磁共振扫描仪

核磁共振，又叫核磁共振成像技术，是继计算机断层扫描术（CT技术）之后医学影像学上的又一重大突破。和传统的扫描检测技术相比，核磁共振在韧带、软骨、关节等人体软组织成像和脊柱、脑脊液、胰胆管等水成像方面效果更好，能够显示更多细节，且对人体没有电离辐射，使用起来更加便捷安全。适用于神经系统、腹部、盆腔以及四肢软组织等组织病变的检查。

这是什么？躺进去就能做全身检查？地球人的医术已经厉害到这种地步了吗？

先进的医疗技术让地球人的寿命越来越长。

任务提示

请注意持续观察，地球人在生命科学和医疗领域有哪些了不起的技术？他们怎样看待生命？

观众躺在"核磁共振扫描仪"展品的检测床上，按下床体侧边的控制按钮，就可以模拟体验核磁共振扫描仪的诊断过程，还可以借助互动展板，了解核磁共振的基本原理以及相应的适应证和禁忌证。

他们还有更厉害的！

离开核磁共振扫描仪展品，穿过人群，噜噜拉着泡泡来到展厅的另一角，指着一只小羊说道："地球人甚至可以复制出'一模一样'的生命体！喏，你看这个！"

"这是……？一只很特别的羊吗？"泡泡不解地问道。

"这是多莉，它可能是地球上最有名的一只羊了吧！"噜噜挠了挠头，"我曾经偷偷在科学研究中心的档案室里看到过，它是地球人培育的克隆羊，无论是外形还是遗传基因都几乎与母体一模一样，可以算作原型的'复制品'。不过这项技术在地球科学界引起的争议很大，禁止用于人类自身的繁殖。在咱们M星，相关资料也被封存在档案室里，我好不容易才得到这些情报呢！"

克隆技术

克隆是指生物体通过体细胞进行的无性繁殖，以及由无性繁殖形成的基因型完全相同的后代。我们可以理解为从原型中复制、拷贝出同样的复制品，它的外表及遗传基因与原型完全相同。小羊多莉就是一个非常典型的克隆生物。

目前，克隆技术广泛应用于各个领域。人们利用克隆技术推进转基因动物研究，攻克遗传性疾病，研制高水平新药等，但如果将其应用在人类自身的繁殖上，将产生巨大的伦理危机。总而言之，克隆技术给人类生活带来巨大的影响，同时也标志着生物技术新时代的来临。

克隆羊多莉

克隆羊多莉是通过克隆技术培育出的试验体，多莉的诞育没有经过精子和卵子结合发育成受精卵这一过程。它没有父亲，但是有三位母亲：一位提供DNA，一位提供卵子，还有一位负责孕育。

多莉的诞生过程非常复杂。首先，分离出母羊A的体细胞，其中含有A羊的全部遗传信息。然后，将这个体细胞的细胞核移植到母羊B的去核卵细胞中，利用微电流刺激等手段使两者融合为一体，促使这一新的细胞分裂发育成胚胎。最后，将发育到一定程度的胚胎移入代理母亲母羊C的子宫内，经过一段时间的孕育，最终小羊多莉诞生了。

好像是的！

可是来的时候咱们的飞船失控撞坏了，只能去求助地球上的航天专家啦！

噜噜，咱们的任务是不是已经完成了？

咕噜——咕噜——

嘀——您没有访问权限，请解锁后进入！

嘀——您没有访问权限，请解锁后进入！

你是谁？

啊？

奇怪，是谁在说话？两人正准备进入下一个展厅，突然听见一个电子音从身边传来，扭头一看，原来一个托着棋盘的机器人正拦住他们的去路。

"嘀——您没有访问权限，请解锁后进入！"

"啊？"噜噜一头雾水。

机器人仿佛没有听懂他的询问，自顾自地重复了一遍刚才的指令。

"行吧，那我们应该怎么解锁呢？"

"你们可以和我对弈，如果赢了就能继续你们的旅程。"

不知道为什么，噜噜竟然从机器人不带感情的声线中听出了一丝得意。

嚕嚕一脸疑惑地重复道："对弈？！"泡泡急着要找发射台回家，忙拉着嚕嚕走到棋盘前，解释道："就是下棋！"

任务提示

这里有一个五子棋棋盘，请你和小伙伴一方代表机器人执黑子，另一方代表泡泡和嚕嚕执白子进行对弈。代表泡泡和嚕嚕的一方只有获胜才能解锁访问权限哟！

当泡泡和噜噜进入"挑战与未来"展区时，迎面走来一位穿深蓝色制服的叔叔，步履矫健，身姿挺拔。

"欢迎两位小朋友！M星球已经把你们来地球探索的消息发送给我们的宇宙空间站了，中国卫星发射中心特地派我来迎接你们！"叔叔和噜噜、泡泡握了手，笑着问道，"一路辛苦啦，你们的任务完成得怎么样了？"

"任务倒是完成了，但我们来的时候把飞船撞坏了，现在不知道该怎么回去了……"噜噜沮丧地低着头，泡泡也难过起来。

"我听说了。别担心，我会帮你们的！"叔叔笑着揉了揉泡泡的脑袋，"不过你们得先学习一下地球人的火箭构造和飞行知识，否则再有一个'不小心'，可就真的回不去啦！"

这里就是航天模拟训练区了。你们看，这个会转动的座椅叫作三维滚环，这是为了尽可能减少太空环境下人体的不良反应而特别设置的训练项目。

看到座椅外的几个圆环了吗？按下启动按钮，外环会开始旋转并带动中环旋转，而内环由于重心的偏移也会产生相应的振动，用来模拟航天员在太空中的运动状态。

地球和M星球的情况毕竟不同，为了确保你们此行顺利，在搭乘飞船回家之前，你们要经过充分的训练适应哟！

三维滚环

叔叔带着噜噜和泡泡走到一组座椅前，指导他们进行航天模拟训练。

叔叔还告诉他们，在日常生活中，人们之所以会晕车晕船，是因为内耳前庭感受到的加速度与视觉感受不同，而大脑又不能理解。如果没受过专门训练，大脑很难迅速反应并调节好状态，人就容易不舒服。

泡泡若有所思地说道："所以三维滚环能锻炼内耳前庭，使特殊运动状态下的人也不容易晕眩。"

三维滚环

"三维滚环"这件展品供观众体验航天模拟训练，此类项目主要用来训练人的内耳前庭。前庭位于我们的耳朵深处，可以感受到人体在各个方向上的加速度变化。

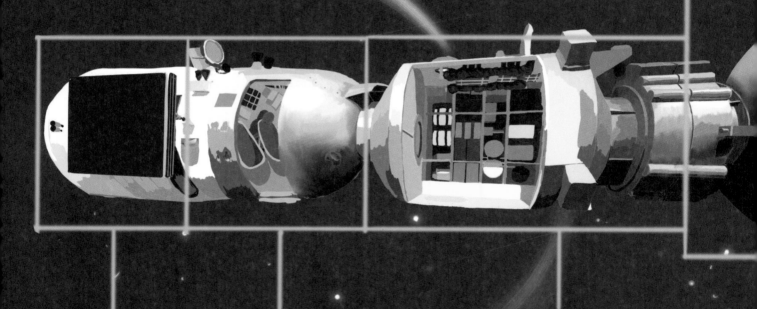

推进舱　　　　返回舱　　　　　　　　轨道舱

实验舱

资源舱

"神舟"飞船与空间实验室

　　"'神舟'飞船与空间实验室"这件展品是按照中国空间实验室等比例制作成的仿真模型，长约19.2米，最大直径超过3米。它包含两部分：资源舱和实验舱。资源舱为实验舱提供在轨运行的动力，实验舱是保障航天员生活和工作的重要设施，其中包含睡袋、训练器械、太空食品以及科学仪器等。空间实验室的成功搭建为中国空间站提供了重要的技术支持和保障。

火箭解剖

逃逸塔

高空分离发动机

整流罩

高空逃逸发动机

栅格稳定翼

氧化剂

燃烧剂

神舟飞船

中国航天

叔叔带着泡泡和噜噜来到高大的"火箭解剖"展顶边，闲不住的噜噜按动操作台上的按钮，只见火箭的外壳缓缓打开，露出内部结构。配合指示灯光和语音讲解，泡泡和噜噜详细了解了火箭不同部分的功能以及火箭从发射到分离的全过程。

原来，地球人的飞船是靠运载火箭送上太空的。"长征二号"F型运载火箭就是在"长征二号"捆绑运载火箭的基础上，按照发射载人飞船的要求而研制的。它主要由四个液体助推器、芯一级火箭、芯二级火箭、整流罩及逃逸塔等部分组成。

看着地球人的火箭，泡泡不禁惊叹出声。叔叔用心地介绍着，难掩自豪之情。

杨利伟

中国培养的第一代航天员之一，是中国进入太空的"第一人"。北京时间2003年10月15日9时，杨利伟乘"神舟五号"飞船首次进入太空，开启了中国人探索太空的新纪元。

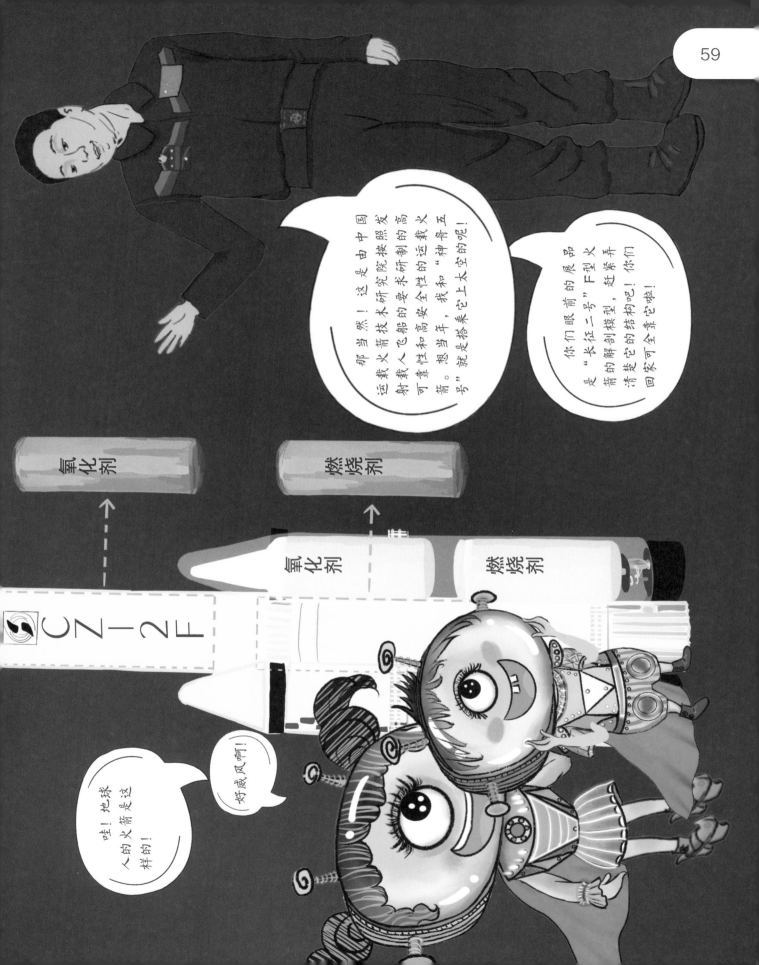

叔叔把目光投向了火箭旁边的一个探测器，笑呵呵地说道："有了可以遨游太空的技术，下一步我们就要去月球上一探究竟了。你们可能不知道，在很久很久以前，地球人就对月亮充满了好奇和想象。千百年来，民间流传着很多和月亮有关的神话，比如著名的"嫦娥奔月"。如今，中国终于有了可以探索太空的科技和着陆月球的仪器，'嫦娥号'探测器和'玉兔号'月球车由此得名。"

"嫦娥"与"玉兔"

　　中国自主研发的"嫦娥三号"探测器，于2013年12月2日发射升空，12月14日成功在月球表面软着陆，并于15日释放"玉兔号"月球车。它通过自身携带的极紫外相机、测月雷达以及月基光学望远镜，完成了观天、测地、探月的科学工作，获得了大量清晰的月面照片和翔实的科学数据，并向全球免费开放。

我们的"神舟"飞船由返回舱、轨道舱、推进舱和附加段组成。现在你们看到的是飞船的返回舱，也就是航天员升空和返回地面时乘坐的舱段。等你们回家时，也要待在里面。

20多年前，"神舟一号"成功发射。这次成功的尝试历经千辛万苦，为中国后来的载人航天奠定了坚实的基础。

"神舟一号"返回舱

中国科技馆收藏了"'神舟一号'返回舱"原件，它高2.2米，最大直径2.5米，看起来就像一口大钟。

返回舱的外部伤痕累累，这是飞船在返回地球大气的途中，外壳与空气摩擦产生高温灼烧造成的。而聪明的科学家早就料到了这一点，返回舱的外部涂有特殊的防热材料，用来散发热量，为舱内提供合适的温度环境。

返回舱的正面有一个凹槽，里面放着四顶降落伞，分别是主伞、引导伞、减速伞和备份伞，主伞打开面积可达1200平方米，确保返回舱能够安全着陆。

此外，返回舱外还有透明舷窗，供航天员在太空中拍摄美妙景色时使用。

返回舱返回大气途中经历的全部过程

终于到了离别的时刻，三人走到发射台前，叔叔亲自为泡泡和噜噜穿好航天服，对他们行了一个军礼，目送他们踏上回家的路。

泡泡和噜噜该怎么回家？

　　飞船需要搭载运载火箭方可升空。火箭是利用热气流高速向后喷出而产生的反作用力向前运动的喷气推进装置，它自身携带燃烧剂和氧化剂，可以在大气中及外层空间燃烧飞行。在飞行过程中，随着推进剂的消耗和火箭的逐级脱落，火箭的重量逐渐减少，速度越来越快，同时火箭通过不断改变发动机喷口的方向来调整姿态，最终进入预定轨道。

任务提示

　　泡泡和噜噜在探索之旅中得到了好心人的帮助，你还记得他们是谁吗？请你替泡泡和噜噜向夏莉老师介绍他们。

图书在版编目（CIP）数据

探秘中国科学技术馆 / 闲凝昐著;张青绘.—上海：上海科技教育出版社，
2021.1（2024.5重印）
（"泡泡噜噜的博物馆不眠夜"系列）
ISBN 978-7-5428-7385-9

Ⅰ.①探… Ⅱ.①闲… ②张… Ⅲ.①自然科学—青少年读物 Ⅳ.①N49

中国版本图书馆CIP数据核字（2020）第200481号

责任编辑　顾巧燕
封面设计　李梦雪

泡泡噜噜**的博物馆不眠夜**

本册主编　齐　欣　谌璐琳
审　　校　李　博　裴媛媛

探秘中国科学技术馆

闲凝昐　著

张　青　绘

上海科技教育出版社有限公司出版发行

（上海市闵行区号景路159弄A座　邮政编码201101）

www.sste.com　www.ewen.co

各地新华书店经销　上海锦佳印刷有限公司印刷

ISBN 978-7-5428-7385-9/N·1105

开本889×1194　1/16　印张4
2021年1月第1版　2024年5月第2次印刷
定价: 40.00元